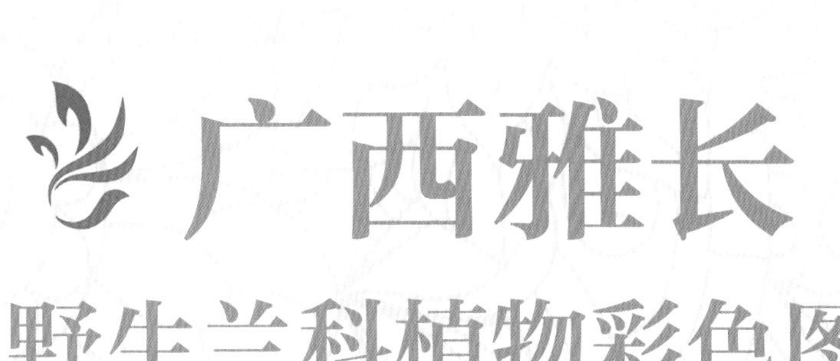

广西雅长野生兰科植物彩色图集

GUANGXI YACHANG YESHENG LANKE ZHIWU CAISE TUJI

黄伯高 主编

中国林业出版社

图书在版编目（CIP）数据

广西雅长野生兰科植物彩色图集 / 黄伯高主编. --
北京：中国林业出版社, 2016.12

ISBN 978-7-5038-8868-7

Ⅰ. ①广… Ⅱ. ①黄… Ⅲ. ①兰科—野生植物—广西—图集 Ⅳ. ①S682.31-64

中国版本图书馆CIP数据核字（2016）第323439号

责任编辑：盛春玲
出版发行：中国林业出版社
（100009 北京西城区刘海胡同7号）
http://lycb.forestry.gov.cn
电　　话：010-83143567
装帧设计：刘临川
印　　刷：北京卡乐富印刷有限公司
版　　次：2017年1月第1版
印　　次：2017年1月第1次印刷
开　　本：889mm × 1194mm　1/16
印　　张：12
字　　数：276千字
定　　价：168.00元

《广西雅长野生兰科植物彩色图集》编委会

主　　编：黄伯高

副 主 编：杨秀星　韦燕青　赵祖壮

执行主编：刘世勇

编　　委：杨飞鹏　谭宏生　秦伟志　马　鸣　杨胜学　杨　媚

韦小路　邓振海　黄永胜　倪世栋　杨通贤

摄　　影：刘世勇　辛荣仕

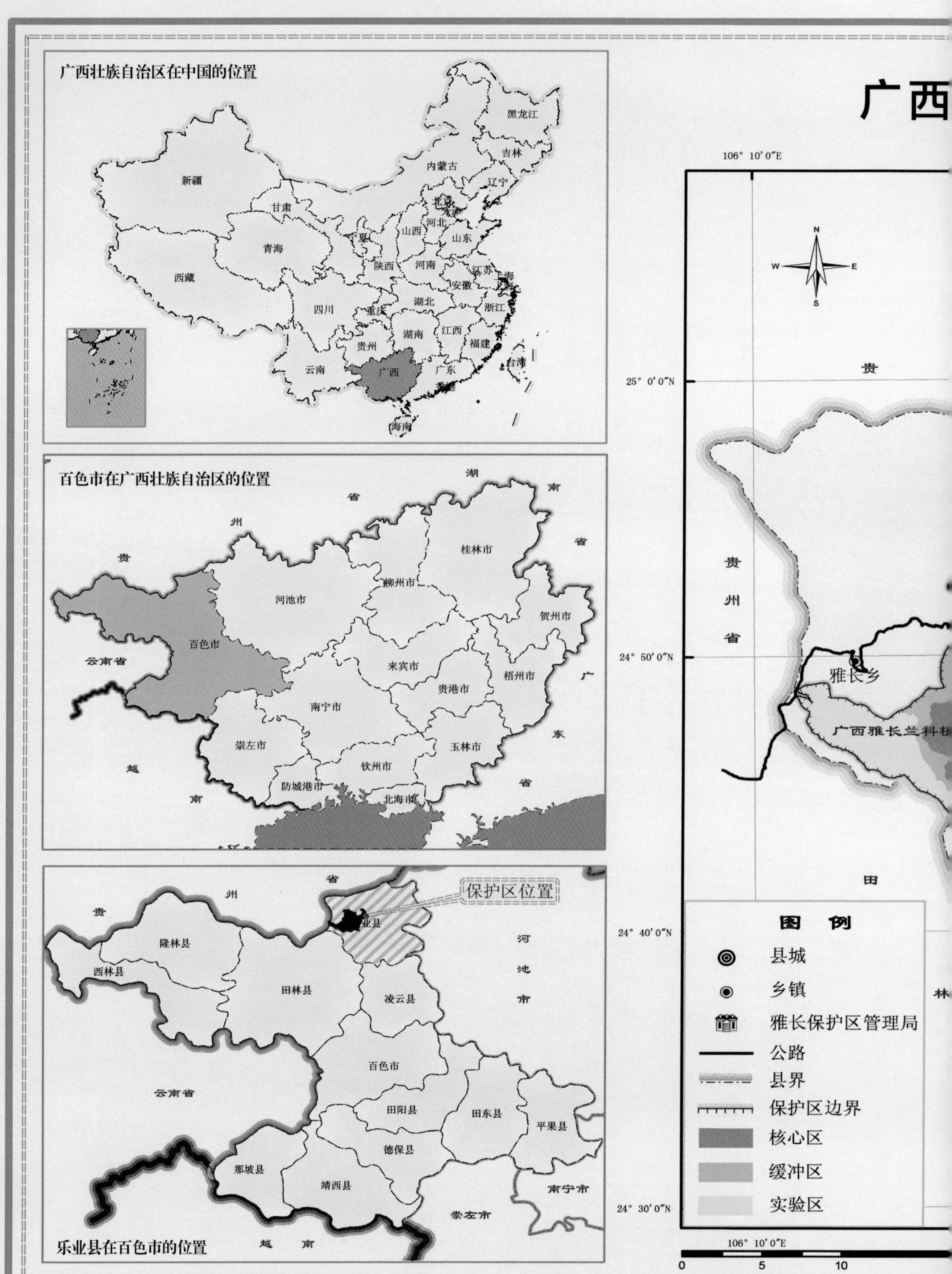

制图单位：国家林业局昆明勘察设计院

兰科植物国家级自然保护区位置图

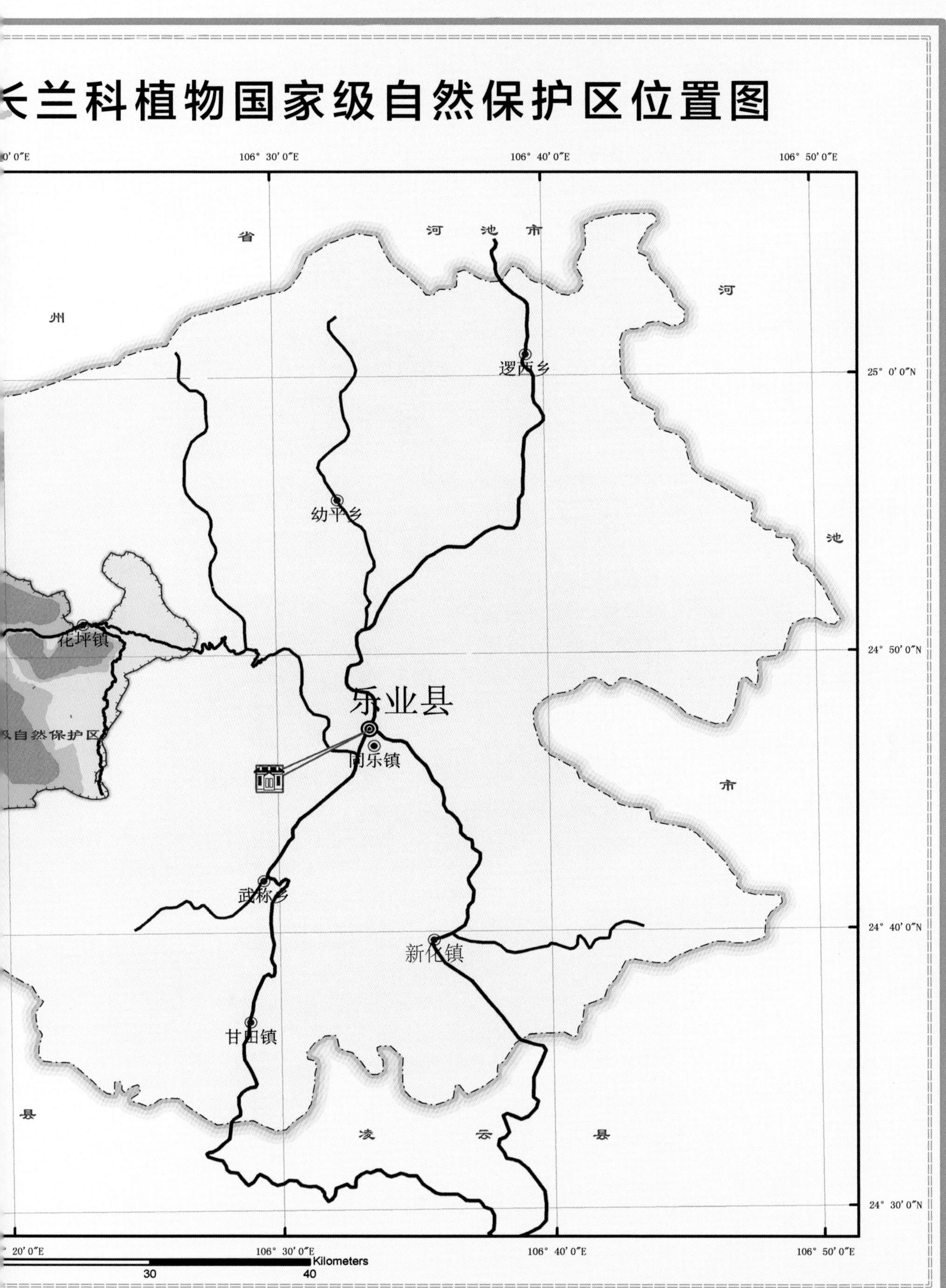

制图日期：2009 年 12 月

2016年5月在香港召开的第六届世界兰花保育大会期间，我请教英国皇家植物园（邱园）资深兰花专家 Phillip Cribb 博士，全球范围内，特别是欧美地区有没有专门为保护兰花而设立的自然保护区。他说有，欧洲就有，但没有详细介绍欧洲哪些国家有，具体保护对象是什么。在中国大陆，广西雅长兰科植物国家级自然保护区目前是第一个以野生兰科植物为唯一保护对象的自然保护区。兰科植物是植物保护中的“旗舰”类群，全世界所有野生兰科植物种类均被列入《野生动植物濒危物种国际贸易公约》的保护范围，占该公约附录中全部植物种类数量的 70% 以上。然而野生兰科植物的保护却没有得到相应的地位。其原因除与我国自然和生态保护国情相关外，我国对兰科植物利用的传统情结也可能是一个重要的因素。众所周知，我国利用兰科植物的历史可以追溯到大约 2000 年前，是人类历史上最早有关兰科植物利用的记载。东汉《神农本草经》就记载有石斛、赤箭（天麻）和白及的药用功效。

不管怎么说，广西雅长兰科植物国家级自然保护区在这样一个错综复杂的背景下诞生了。该保护区的成立和运行对我国生态保护和生态文明建设至少有两方面的意义。首先是对我国自然保护区建设的布局有一定的启示意义。广西雅长兰科植物国家级自然保护区坐落在雅长林场范围内，该林场经过多年的经营，留下的自然资源并不十分理想。绝大多数野生兰科植物都生长在人为干扰相当严重的次生林下。如果不考虑特殊地理和气候条件所孕育的野生兰科植物资源，这种自然资源条件是很难达到我国建立自然保护区所要求的标准。但可以肯定的是，通过以野生兰科植物为平台建立的广西雅长兰科植物国家级自然保护区，必将逐渐恢复该区域内的各种自然资源，为后代提供一份宝贵的自然资源。其次，是对生态和多样性保育与产业融合具有启示意义。近年来企业参与生物多样性保护已逐渐成为热点趋势。在我国，通过多年的发展，药用石斛产业已经发展成世界上最大种植规模，种植技术在全世界范围内最先进，相关的配套服务体系最完善。更为重要的是，药用石斛的种苗都来源于有性生殖的

种子，使得药用石斛多样化种植模式中的各种技术可以直接应用到石斛类甚至兰科植物的保育中。利用我国药用石斛的产业优势，结合生物多样性保育原则，构建一种全新的生物多样性保育模式，即兰花森林公园，就能实现兰花生物多样性保育和产业发展的完美整合。无疑，广西雅长兰科植物国家级自然保护区的各种兰科植物群落可以为构建兰花森林公园提供最佳设计蓝本。20 世纪 60 年代我国著名热带植物学家蔡希陶教授发展出一种“橡胶林—茶叶—砂仁”立体林业的经营模式，但这种模式注重的是经济产出。兰花森林公园创造性地提出将兰科植物与森林结合起来的经营模式则具有更广泛的内涵，其更注重生态效益和可持续性发展。毫无疑问，这种经营模式是符合时代要求的。

《广西雅长兰科植物彩色图集》从该保护区已经记录的 148 种兰科植物中精心挑选出具有代表性的 94 种结集而成。该图册可以认为是广西雅长兰科植物国家级自然保护区对区域内兰科植物自然资源认识、描述和记录等基础工作的开始。事实上，通过连续举办 3 届广西兰花国际研讨会，雅长保护区的兰花资源吸引了一批从事兰花相关的研究者聚集到雅长，开展了一系列兰花研究活动。目前，科研工作者、保护实践者正在围绕下列两个最基本的科学问题开展工作。第一，野生兰科植物多数呈零星散布，而在雅长保护区则出现了呈大规模分布的种群，以及不同种类集中分布的格局，这种分布格局的形成机制是什么？第二，面对如此丰富的野生兰科植物，需要准确查明不同种类的种群分布区、繁殖特征、更新动态、干扰因子、种群遗传结构等。这些基本内容均是划分其濒危等级、制定其保育措施的基础信息。部分种类（如带叶兜兰、莎叶兰、大香荚兰等）种群规模极为庞大，但种群的遗传背景如何？如何鉴别保护繁育能力较强的优势基因型，并加以应用？对于极为稀少的濒危种，如何进行种群复壮？我们期待广西雅长兰科植物国家级自然保护区有更多著作和成果展现！

罗毅波 博士 研究员
中国植物学会兰花分会理事长
国际自然保护联盟兰花专家组（OSG）亚洲区委员会主席

2016 年 11 月 21 日

广西雅长野生兰科植物彩色图集

GUANGXI YACHANG YESHENG
LANKE ZHIWU CAISE TUJI

前言

广西雅长兰科植物国家级自然保护区是中国唯一一个以兰科植物命名并以其为重点保护对象的保护区，位于云贵高原向广西丘陵过渡的山原地带，也处于北热带与南亚热带的过渡地带上。

保护区特殊的地理位置和复杂的地形地貌为野生兰科植物生长提供了有利条件，在这里繁衍和保存着大量的野生兰科植物，已知有兰科植物 52 属 148 种，分为地生、附生、半附生、腐生等 4 种生活类型。兰属、兜兰属、香荚兰属、毛兰属、贝母兰属等是该区植物群落下层或层间植物的重要组成部分。从石山到土山，从海拔 300 米的南盘江河谷到海拔 1900 米的盘古王山，几乎每个山头都有兰科植物分布。其种类的高度集中和居群数量之大，是相同气候带的其他地区难与相比的，物种丰富度达每平方千米 0.61 种，局部地区达每平方米 0.95 种，部分种类（如带叶兜兰、莎叶兰、大香荚兰）的居群数量之大、保存之完整世界罕见！说雅长保护区是块“兰香净土”也不为过，因此其被中国野生植物保护协会授予“中国兰花之乡”的美誉。

兰生幽谷，欲睹难寻。编者选择保护区中 38 属 94 种野生兰科植物（其中兰科新种 2 种：天贵卷瓣兰、雅长玉凤花）编印成书，以飨读者，旨在通过与众读者分享保护区的兰之色、兰之香的同时，呼吁全社会携起手来共同保护珍稀的野生兰科植物，使“兰生深山中，馥馥吐幽香”。并希望读者提出更好的建议，以使我们在兰花科学保育之路走得更稳、更快、更远！

感谢为此书出版做出贡献的领导、专家、同事们。由于学识水平有限，书中定有不妥和错误之处，恳请各位专家、学者和同仁给予批评指正。

编者

2016 年仲夏

MULU

目录

广西雅长兰科植物国家级自然保护区简介

GUANGXI YACHANG LANKE ZHIWU GUOJIAJI ZIRAN BAOHUQU JIANJIE

一、地理位置

广西雅长兰科植物国家级自然保护区位于广西壮族自治区西北部的百色市乐业县境内，地处东经 106° 11′ 31″ ~ 106° 27′ 04″，北纬 24° 44′ 16″ ~ 24° 53′ 58″，总面积 22062 公顷。保护区成立于 2005 年 4 月，于 2009 年 9 月晋升为国家级保护区。

二、自然条件

保护区内最高海拔 1971 米，最低海拔 400 米。年平均气温 16.3℃，最高气温 38℃，极端最低气温 −3℃。气候温和，夏无酷暑，冬无严寒。

三、森林资源

保护区森林面积 14718.5 公顷，灌木林面积 854.9 公顷，森林覆盖率为 78.5%。

四、植物资源

已知有维管束植物 207 科 961 属 2432 种。其中蕨类植物有 30 科 75 属 105 种，裸子植物 10 科 16 属 28 种，被子植物 167 科 870 属 2254 种。

五、动物资源

已知有陆生脊椎动物 320 种，分别隶属于 4 纲 28 目 91 科。其中，两栖类 18 种，爬行类 42 种，鸟类 206 种，兽类 54 种。

六、昆虫资源

已鉴定学名的昆虫有 12 目 99 科 509 种，其中有新种 1 个，特有昆虫 1 种，珍稀昆虫 3 种。

七、大型真菌

已知大型真菌共有 182 种，隶属 82 属 40 科。

八、主要保护对象

保护野生兰科植物资源。

保护南亚热带典型植被类型及森林生态系统。

保护以叉孢苏铁、黑颈长尾雉等为代表的珍稀濒危野生动植物资源及栖息环境。

保护细叶云南松。

保护龙滩库区水源涵养林。

九、管理机构

雅长保护区管理机构为“广西雅长兰科植物国家级自然保护区管理局”，同时经广西壮族自治区机构编制委员会批准增挂了一个“广西雅长兰科植物研究中心”的牌子，属事业参公管理单位，直属于广西壮族自治区林业厅，机构规格为正处级。核定编制数 109 人，其中管理岗位 39 名，巡护和工勤服务工作岗位人员为 70 名。管理局下设 6 个职能部门和 4 个管理站、12 个管理点。

广西雅长兰科植物国家级自然保护区植被类型及野生兰科植物分布特点

GUANGXI YACHANG LANKE ZHIWU GUOJIAJI ZIRAN BAOHUQU ZHIBEI LEIXING JI YESHENG LANKE ZHIWU FENBU TEDIAN

广西雅长兰科植物国家级自然保护区内最高海拔 1971 米，最低海拔 400 米，相对高差达 1571 米。在我国植被区划中其位置既处于南亚热带与中亚热带的分界线上，又处在亚热带东部湿润亚区与西部半湿润、半干燥亚区的分界线上，它既是各种植物区系成分交叉分布的区域，也是各种分布区类型植物的交汇分布点，这就使组成保护区植被的植物区系成分十分复杂，因此组成的植被类型也就极其多样。

一、主要植被类型

按《中国植被》一书分类，雅长保护区植被类型属西部南亚热带常绿阔叶林，经调查统计，保护区的天然植被共划分为 9 个植被类型 54 个群系，人工植被可划分为 4 个植被类型 20 个群系。天然植被类型有：亚热带针叶林、亚热带落叶阔叶林、常绿落叶阔叶混交林、常绿阔叶林、季节性雨林、暖性竹林、暖性灌丛、热性灌丛、暖性草丛等。面积较大的植被有细叶云南松林、青冈林、栓皮栎林、槲栎林、滇青冈林、鹅耳枥林等。

二、不同植被类型中主要野生兰科植物种类及其分布特点

亚热带针叶林 保护区的针叶林属亚热带暖性针叶林，以细叶云南松为主，其纯林林木较稀疏、林冠整齐、成单层林，灌层发育不良，草本茂盛，禾本科占优势，兰科植物相对较少，常见的有兰属等地生兰种类，分布在透光性好、通风凉爽的林下及林缘地带。而细叶云南松与落叶林的混交林海拔跨度大，从海拔 400 米～ 1400 米均有分布，草本层较稀疏，林下死地被物厚，保持水土，土质肥厚，适宜兰科植物生长。主要分布有兰属、沼兰属、玉凤花属、

地宝兰属等，零散分布，种群稳定。

亚热带落叶阔叶林　亚热带落叶阔叶林可以说是保护区的背景植被，主要以栓皮栎、麻栎、云南波罗栎三种为主，草本层以喜阴的肾蕨及喜阳的五节芒镶嵌分布，兰科主要有隔距兰属、石斛属、兰属、万代兰属、尖囊兰属、沼兰属等，以附生兰居多，主要附生在林缘栎类大树、枯立木、孤立木上，多依附于有苔藓、腐殖质和积土的树干、树杈或岩壁上，物种丰富度较高。

常绿落叶阔叶混交林　保护区的常绿落叶阔叶混交林拥有的群系不多，分布也不广，但却是真正意义上的混交林，原生性较强，是在海拔 1000 米以上才出现的垂直地带性植被，最典型的是水青冈与各种常绿青冈所组成的群落。其次鹅耳枥为优势种的混交林，常见于岩石裸露地段或山脊处，林下有贝母兰属、兜兰属、石仙桃属、石豆兰属、沼兰属等兰科植物，部分种类成片分布，成为优势种，如带叶兜兰、流苏贝母兰、云南石仙桃、密花石豆兰、广东石豆兰等，多分布于环境恶劣、干旱、土壤少且贫瘠的石壁上、树上或乱石多的疏林中，以附生兰为主，物种丰富度高且居群面积大，居群较稳定。

常绿阔叶林　常绿阔叶林在保护区不多见，面积很小，且林中还常混有少量落叶树种。常见的有石栎林、琼楠林、云贵山茉莉林、洋蒲桃混交林等，林下石上、树上、地上分布有隔距兰属、石斛属、贝母兰属、兜兰属、石仙桃属、石豆兰属、沼兰属、虾脊兰属、金石斛属、香荚兰属、羊耳蒜属等，部分区域多种兰科植物集中分布，成为草本层的优势群落，形成独特的生境优势。

季节性雨林　以柄翅果为优势种的季节性雨林，多为喜热疏林，树冠常不连接，立地较湿润，以喜热的附生兰居多。兰花多附生于树上通风良好处，如隔距兰属、石斛属、万代兰属、尖囊兰属等。

暖性竹林　竹林种类不少，但大型的多为人工次生林，天然的主要是散生的小竹林。竹的地下茎密集分布在表土层 20 厘米左右范围内，对其他植物根系的生长是很大的妨碍，兰科植物分布很少，仅地宝兰属、沼兰属等地生种类略有分布。

灌丛　保护区灌丛面积不大，一类是干热河谷的灌丛，如椭圆叶木蓝灌丛、火棘灌丛、余甘子灌丛等；另一类是分布于近山顶部位的杜鹃灌丛等，多分布于石灰岩坡面上。仅有阳性、喜热的兰科植物分布，如地宝兰属、沼兰属等，与黄茅、牡荆、葡萄叶艾麻等草本层混生，林缘分布较多。

草丛　保护区内草丛面积较少，多以小片零星分布于村寨附近、沟谷两岸和林缘受过开垦的地方，以丛生耐旱的中草类型为主，兰科植物极少看见，偶尔发现有兰属的如春兰、建兰分布。

广西雅长兰科植物国家级自

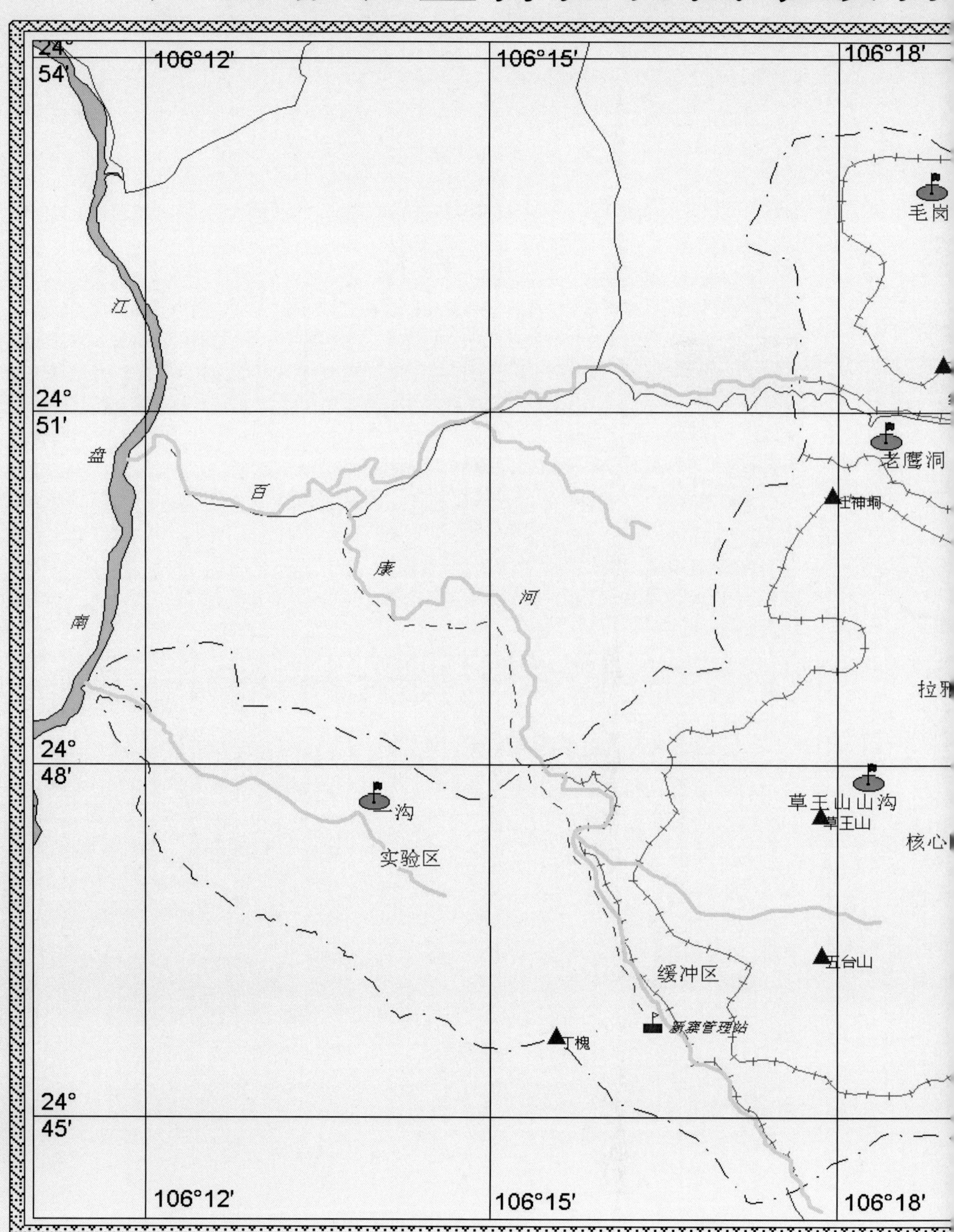

制图单位：广西林业勘测设计院

保护区主要兰科植物分布图

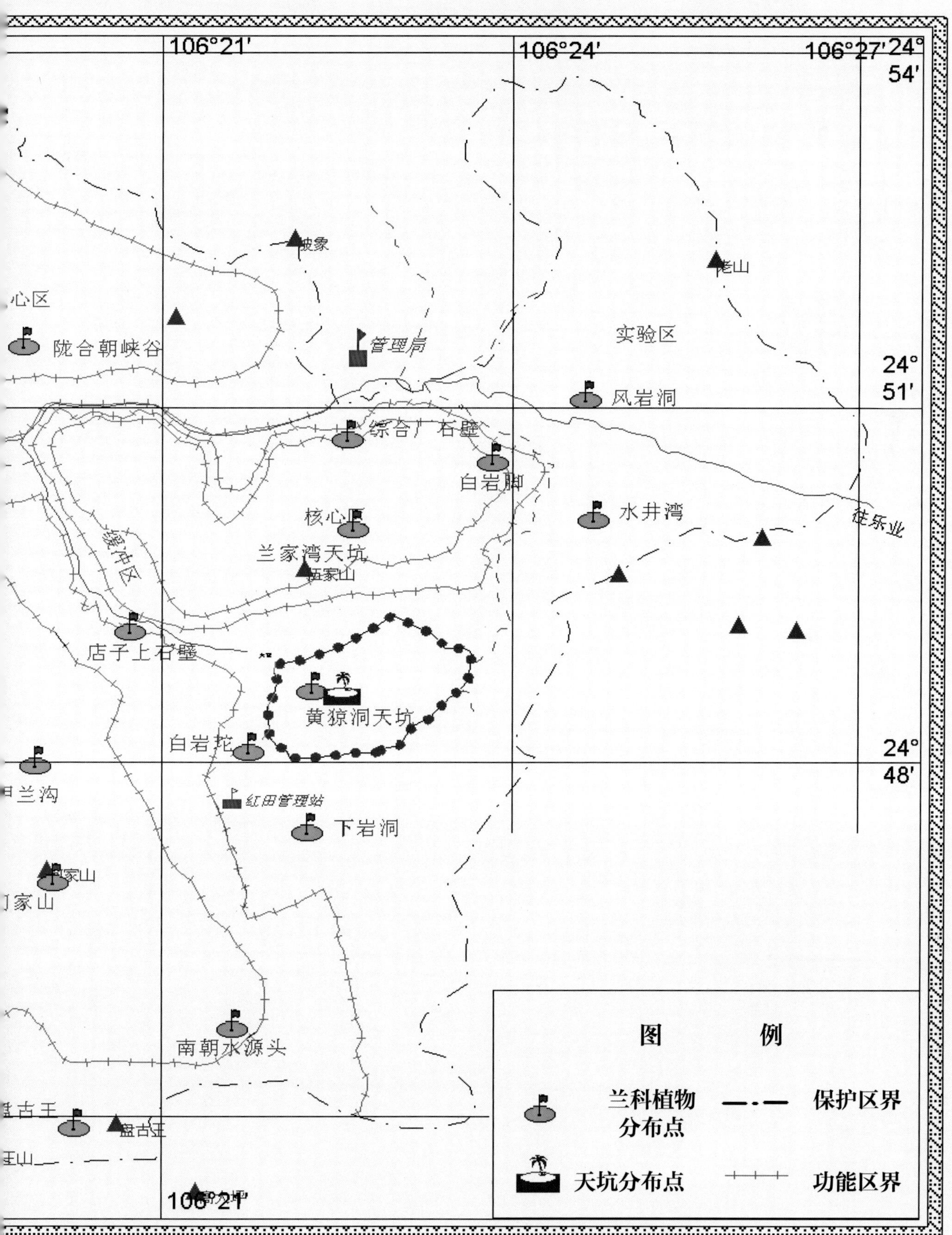

比例尺：1：120000

制图日期：2007 年 2 月

广西雅长兰科植物国家级自然保护区野生兰科植物资源特点

GUANGXI YACHANG LANKE ZHIWU GUOJIAJI ZIRAN BAOHUQU YESHENG LANKE ZHIWU ZIYUAN TEDIAN

广西雅长兰科植物国家级自然保护区位于云贵高原向广西丘陵过渡的山原地带，也处于北热带与南亚热带的过渡地带上，在这里繁衍和保存着大量的野生兰科植物，其种类的高度集中和居群数量之大，是相同气候带的其他地区难与相比的，是野生兰科植物多样性保护中不可多得的重要地区。保护区因此被中国野生植物保护协会授予“中国兰花之乡”的美誉。其野生兰科植物具有以下特点。

一、种类丰富、群居数量大、高度集中

现已知有兰科植物 52 属 148 种，与同纬度的其他地区相比，雅长兰科植物国家级自然保护区的兰科植物十分丰富。保护区内兰科植物不仅种类丰富（物种丰富度达每平方千米 0.61 种，局部地区达每平方米 0.95 种），而且群集度高。部分种类（如带叶兜兰、莎叶兰、大香荚兰）的居群数量居世界首位。

二、生活类型多样

雅长保护区的兰科植物共分为四种生活类型，即地生兰（如地宝兰属、沼兰属、玉凤花属等）、附生兰（如石斛属、石豆兰属、贝母兰属）、半附生兰（如带叶兜兰、硬叶兜兰、多花兰等）、腐生兰（如天麻、毛萼山珊瑚、大根兰等）。

三、分布广泛、生境复杂多样

从土山到石灰岩石山，从海拔 400 米的南盘江河谷至 1971 米的盘古王山，几乎每个山头都有兰科植物分布，天然阔叶林是其主要分布环境，但人工林下也常常可见。多数种类主要分布的海拔梯度是 800 ~ 1200 米，如兜兰属、石斛属、石仙桃属等，它们不仅主要分布于海拔 800 ~ 1200 米，而且在此梯度内的居群较大，呈连片分布。

四、独特的地理位置孕育着兰科植物特有种类

雅长兰科植物国家级自然保护区正处于滇黔桂的结合部位，在这里发育着众多的滇黔桂特有种，如滇金石斛、邱北冬蕙兰、天贵卷瓣兰、广西羊耳蒜、雅长玉凤花、贵州地宝兰等。值得一提的是，贵州地宝兰自 1921 年被德国植物分类学家 Schlechter 根据在贵州罗甸采的唯一一份标本命名及描述后，后人就没有在野外发现过该种；还有天贵卷瓣兰、广西羊耳蒜、雅长玉凤花均为在雅长保护区内首次发现的兰科新种，换言之，雅长保护区是贵州地宝兰、天贵卷瓣兰、广西羊耳蒜、雅长玉凤花等种类目前已知的唯一野外分布区。

广西雅长野生兰科植物彩色图集

GUANGXI YACHANG YESHENG LANKE ZHIWU CAISE TUJI

广西雅长兰科植物国家级自然保护区内的兰科植物

◎ 广西雅长兰科植物国家级自然保护区以下简称雅长保护区。

◎ 本部分内容中介绍的兰科植物种群数量及分布状态为雅长保护区内的监测数据。

带叶兜兰

Paphiopedilum hirsutissimum

地生或半附生兰。花期 4~5 月。 在雅长保护区内多生长于海拔600~1300米的林下岩石缝中或多石湿润土壤上。其原生居群数量之大、密度之高、分布之广属世界首位。

硬叶兜兰

Paphiopedilum micranthum

地生或半附生兰。花期 3~5 月。在雅长保护区多分布于海拔 900~1200 米的石灰岩山林有腐殖质土的石壁、石缝中。经过精心管护，保存了其原生状态，其种质已成为兰科植物种质基因库资源和生物多样性可持续性繁育的重要基因资源。

束花石斛

350~1000 米的疏林中树干上或沟边阴湿的大树上。

黑毛石斛

Dendrobium williamsonii

附生兰。花期 4~5 月。在雅长保护区内生于海拔 1000~1500 米的阔叶林中树干上、具有苔藓较厚的石壁上或岩石石缝中。保护区内分布区较狭小，数量不多。

叠鞘石斛

Dendrobium aurantiacum var. *denneanum*

美花石斛

Dendrobium loddigesii

附生兰。花期 4~5 月。在雅长保护区内主要生于海拔650~1400 米的山地、疏林地中树干上或石灰岩山的石壁上。居群大，数量多，保存完整，老株附近的实生幼苗较多，自然更新能力好。

重唇石斛

Dendrobium hercoglossum

铁皮石斛

Dendrobium officinale

附生兰。花期 3~6 月。在雅长保护区内主要分布于海拔 800~1300 米的疏林中树干上或比较阴湿的岩石上。该种是石斛属中经济价值最高的种类之一，现国内野生资源非常稀少，该种在雅长保护区内还有少量的野生种群，保护区工作人员对它实施动态监测，重点保护。

流苏石斛

Dendrobium fimbriatum

附生兰。花期 4~6 月。在雅长保护区生于海拔 750~1300 米的林中大树上或石灰岩山具有腐殖土的绝壁上或树干的基部。居群数量多、分布广，原生状态保存非常好。

钩状石斛

Dendrobium aduncum

附生兰。花期 5~6 月。在雅长保护区内主要生于海拔 700~1200 米山地林中树干上或石灰岩山的疏林中。在保护区内分布范围广、数量多，野生居群发展稳定。

罗河石斛

Dendrobium lohohense

附生兰。花期 6 月。在雅长保护区内主要生于海拔 900~1200 米的山地林缘或石灰岩山谷边缘具腐殖土较多的岩石上。分布范围小，散生，数量较少，原生状态保存完整。

细叶石斛

Dendrobium hancockii

附生兰。花期5~6月。在雅长保护区内生于海拔900~1200米的石灰岩山谷崖壁上。分布区狭小，资源稀有。

大香荚兰

Vanilla siamensis

草质攀缘藤本。花期 3~4 月。生于海拔 700~1100 米的石灰岩林中或攀缘于悬崖上。在雅长保护区内成片分布，居群大、密度高、数量丰富居世界首位。

贵州地宝兰

Geodorum eulophioides

地生兰。花期 4~6 月。在雅长保护区内多分布于 300~800 米的疏林下、灌木丛中、草坡等透光处，沟旁也多有分布。属广西新记录种，数量丰富，居群较大，原生性保存完整。雅长保护区是目前国内发现该种野外大居群的唯一分布区。其花大且具玫瑰红色花瓣，观赏价值高。

多花地宝兰

Geodorum recurvum

地生兰。花期 4~6 月。在雅长保护区内多分布于 300~700 米的林下、河边草地、路边土坎、林缘、沟旁、竹林下等。数量丰富，分布较广泛；分布区植被类型多样，适应性广，耐旱耐贫瘠。

地宝兰

Geodorum densiflorum

地生兰。花期 6~7 月。在雅长保护区内多分布于海拔 300~700 米的林下、河边草地、路边土坎、林缘、沟旁、竹林下等。

足茎毛兰

Eria coronaria

附生兰。花期 10~12 月。在雅长保护区内多分布于海拔 900~1300 米的石灰岩林下阴湿的石壁上或石缝多土处及树木基部等。成片分布，植株密度最高达到 300 株 / 平方米。

菱唇毛兰

Eria rhomboidalis

附生兰。花期 4~5 月。在雅长保护区内多分布于海拔 800~1100 米的石灰岩山林下岩石上或树干上。集中成片分布，成草本层优势种。

半柱毛兰

Eria corneri

附生兰。花期 8~9 月。在雅长保护区内通常分布于海拔 700~1100 米的石灰岩林下岩石上或树基部。数量较为丰富，居群大，原生性完整。

流苏贝母兰

Coelogyne fimbriata

附生兰。花期 8~10 月。在雅长保护区内广泛分布于海拔 600~1300 米的石灰岩山林下岩石上或树木基部。居群数量大，成片广泛分布，具有较强的原生性。

莎叶兰

Cymbidium cyperifolium

地生或半附生兰。花期 10 月至次年 2 月。在雅长保护区内主要分布于海拔 900~1300 米的石灰岩山林下或石壁上土壤肥厚处。在保护区成片分布，居群大、数量丰富。该种在保护区的居群数量之大、密度之高为世界之最。

西藏虎头兰

Cymbidium tracyanum

附生兰。花期 9~12 月。在雅长保护区内主要分布于海拔 600~1100 米的沟谷石壁上或峡谷旁的大树上，分布数量丰富，是广西新记录种。雅长保护区是西藏虎头兰分布的一个新区域，说明本地区系具有明显的过渡性质。

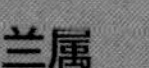

多花兰

Cymbidium floribundum

附生兰。花期 4~8 月。在雅长保护区内多分布于海拔 800~1300 米的林缘树干上或石壁上腐殖土丰厚处。在一定区域内分布较多，多散生，居群大、数量丰富，原生状态完整。

建兰

Cymbidium ensifolium

地生兰。花期 6~10 月。在雅长保护区内多分布于海拔 600~1600 米的疏林下、灌丛中、山谷旁或草丛中。

珍珠矮

Cymbidium nanulum

地生兰。花期 6 月。在雅长保护区内多分布于海拔 600~900 米的疏林下土质肥厚处或石灰岩山上多土处。为分布于华南至华西南的特有种。

大根兰

Cymbidium macrorhizon

腐生兰。花期 6~8 月。在雅长保护区内多分布于海拔 900~1100 米的石灰岩山阔叶林下腐殖质土多并且较阴蔽的地方。居群数量较丰富，是广西新记录种；原生状态保持良好。

蕙兰

Cymbidium faberi

地生兰。花期 3~5 月。在雅长保护区内主要分布在海拔 900~1200 米的疏林下、林缘、灌木丛等湿润透光处；喜土质疏松，土壤肥沃的环境。

寒兰

Cymbidium kanran

地生兰。花期 8~12 月。在雅长保护区内广泛分布于海拔 700~1600 米的多石疏林下。分布范围广，数量丰富。

春兰

Cymbidium goeringii

地生兰。花期 1~3 月。在雅长保护区内多分布于海拔 700~1300 米通风透光的林下、林缘或多石湿润的山坡上、灌丛中。分布较广，但较散生。

春剑

Cymbidium tortisepalum var.*longibracteatum*

地生兰。花期 1~3 月。在雅长保护区内多分布于海拔 700~1300 米通风透光的林下、林缘或多石湿润的山坡上、

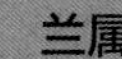

兔耳兰

Cymbidium lancifolium

半附生兰。花期 5~8 月。在雅长保护区内多分布于海拔 700~1300 米的林下或灌丛下腐殖质丰富处，石缝石壁多土处也有分布。雅长保护区的兔耳兰分布较广，数量丰富；不同地带种内形态差异较明显，基因类型丰富。

硬叶兰

Cymbidium bicolor

附生兰。花期 3~4 月。在雅长保护区内主要附生于海拔 700~1000 米通风透光阴凉的树干或树杈上，石壁上也常有分布。数量丰富，大面积丛生，经过科学合理的保护与动态监测，其居群原生性较好。

邱北冬蕙兰

Cymbidium qiubeiense

地生兰。花期 10~12 月。在雅长保护区内多分布在海拔 900~1300 米的石灰岩山林下草坡或乱石中多土处。该种数量较丰富，处于原生状态，自然性较好。

平卧曲唇兰

Panisea cavalerei

附生兰。花期12月至次年4月。生于海拔800~1300米林中比较阴蔽的岩石上。在雅长保护区内分布面积广、数量丰富、密度大，连片分布，每年都长有新的假磷茎，自然更新能力强，居群发展稳定，原生性强。

尖囊兰

Kingidium braceanum

附生兰。花期 5 月。在雅长保护区内多生长在海拔 900~1300 米的山地阔叶林树干上或枯立木上，阴湿的岩石上也有分布。分布广，数量多，株型庞大，原生状态保持较好，处于稳定发展期。

广东石豆兰

密花石豆兰

Bulbophyllum odoratissimum

附生兰。花期 4~8 月。在雅长保护区内多分布于海拔 800~1100 米的石灰岩山阔叶林下岩石上、石缝、树干上或潮湿的石壁上。分布范围广，集中成片，数量丰富，成为草本层优势种，原生状态极好。

梳帽卷瓣兰

Bulbophyllum andersonii

附生兰。花期 5~10 月。在雅长保护区内多分布于海拔 600~1300 米的石灰岩山上较阴湿的岩石上，或在树基部成片分布。分布区域广，面积大，原生状态保持完好，自然繁殖力强。

天贵卷瓣兰

Bulbophyllum tianguii

附生兰。花期 11 月。兰科新种。在雅长保护区内主要分布于海拔 900~1100 米的石灰岩山上，常聚集在岩石上多土处或在树基部湿润处成片分布，多与其他卷瓣兰混生。

等萼卷瓣兰

Bulbophyllum violaceolabellum

附生兰。花期 4 月。在雅长保护区常见分布于海拔 700~1100 米的石灰山疏林中树干上。

宽叶厚唇兰

寄树兰

Robiquetia succisa

附生兰。花期 6~7 月。在雅长保护区内主要生于海拔 350~1100 米的疏林中树干上或石灰岩上的石壁上，散生。

黄花美冠兰

Eulophia flava

地生兰。花期 4~6 月。在雅长保护区内常见于海拔 500~900 米的稀疏灌木林下、林缘及湿润的草坡中等处，喜光且耐旱。

无叶美冠兰

Eulophia zollingeri

腐生兰。花期 4~6 月。在雅长保护区内生于海拔 800~1100 米的疏林下、林缘或草坡上。分布广泛，无人为破坏，野生资源保存完整。

平卧羊耳蒜

Liparis chapaensis

附生兰，较小。花期 10 月。在雅长保护区内成片分布，多附生于海拔 700~1200 米的石灰岩山阔叶林下岩石上、石缝、树干上或潮湿的石壁上。数量丰富，居群大，分布范围广，原生状态极好。

紫花羊耳蒜

Liparis nigra

地生兰，较高大。花期 2~5 月。在雅长保护区内多分布于海拔 700~1200 米的阔叶林下或岩石上、石缝等阴湿多土的地方。在保护区多散生，数量多，分布广，原生状态完整。

小羊耳蒜

Liparis fargesii

地生兰。花期 6~8 月。在雅长保护区内分布于海拔 1000~1500 米的林下、灌丛中或草地阴蔽处。

心叶羊耳蒜

Liparis cordifolia

地生兰。花期10~12月。在雅长保护区内多分布于海拔700~1200米的林下、岩石上、沟谷旁大树上等阴凉处。密集丛生，数量非常丰富，原生状态保护良好，居群稳定。

长茎羊耳蒜

Liparis viridiflora

附生兰，较高大。花期 9~12 月。在雅长保护区内密集丛生，多分布于海拔 700~1200 米的林下、岩石上、沟谷旁大树上等阴凉处。数量非常丰富，原生状态保护较好，居群稳定，自然更新较好。

齿突羊耳蒜

Liparis rostrata

地生兰。花期 5~7 月。在雅长保护区内多分布于海拔 900~1200 米的林下、林缘及岩石上多土处。

绿花杓兰

Cypripedium henryi

地生兰。花期 4~5 月。在雅长保护区内零星分布于海拔 1100~1600 米的疏林下、林缘、灌丛坡地上湿润和腐殖质丰富之地。

云南石仙桃

Pholidota yunnanensis

附生兰。花期 5 月。在雅长保护区内分布区域广，生于海拔 800~1500 米的石灰岩山谷旁树上、林中或岩石上。现保护区内居群数量丰富、密度大，连片分布，成为草本层优势植被，原生状态极好，自然更新能力强。

尖叶石仙桃

Pholidota missionariorum

附生兰。花期 l0~11 月。在雅长保护区内生于海拔 1100~1400 米的林中或山谷旁的树干基部或稍阴蔽的岩石上。数量丰富，野生状态保存完整，居群发展稳定。

坛花兰

Acanthephippium sylhetense

地生兰。花期 4~7 月。在雅长保护区内生于海拔 700~1000 米的密林下或沟谷林下阴湿而腐殖质较厚处，分布较零散。

反瓣虾脊兰

Calanthe reflexa

地生兰。花期 5~6 月。在雅长保护区内生于海拔 600~1300 米的常绿阔叶林下、山谷溪边或生有苔藓的湿石上。

银带虾脊兰

Calanthe argenteo-striata

地生兰。花期 4~5 月。在雅长保护区内主要分布于海拔 700~900 米的石灰岩山林下或湿润且腐叶土丰厚处的岩石上。丛生成群，居群数量丰富，原生状态良好。

毛唇芋兰

Nervilia fordii

地生兰。花期 5 月。在雅长保护区内生于海拔 700~1000 米的山坡或沟谷林下阴湿处。在保护区内分布广。

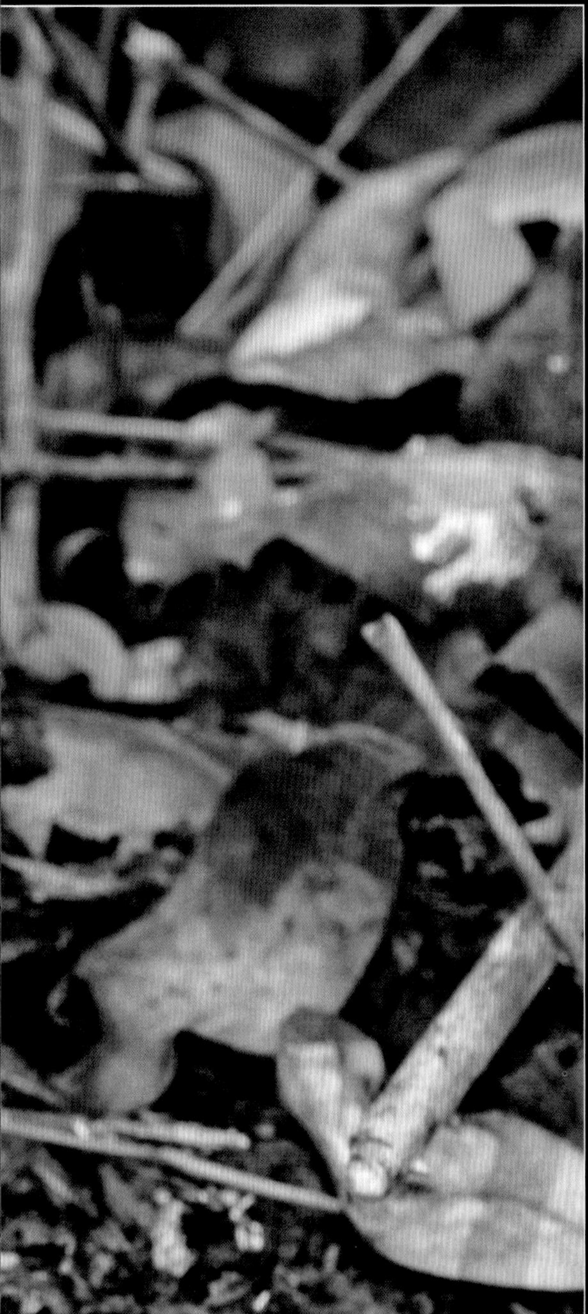

毛叶芋兰

Nervilia plicata

地生兰。花期 5~6 月。在雅长保护区内主要生于海拔 600~900 米的林下或沟谷林下阴湿处。在保护区内分布广。

鹅毛玉凤花

Habenaria dentata

地生兰。花期 8~10 月。在雅长保护区内主要分布于海拔 800~1300 米的林缘、山谷洼地林下、草丛中或灌木林中。在保护区内常见芳影，其分布区域广、数量丰富，成片分布，居群发展稳定，野生状态保存完整。

线瓣玉凤花

Habenaria fordii

地生兰。花期 7~8 月。在雅长保护区内主要生于海拔 800~1500 米的山坡、沟谷密林或腐殖土较厚的岩石上。分布范围广。

毛葶玉凤花

Habenaria ciliolaris

地生兰。花期 7~9 月。在雅长保护区内分布于海拔 600~1200 米的山坡林下和沟边。

雅长玉凤花

黄花白及

Bletilla ochracea

地生兰。花期 6~7 月。在雅长保护区内生于海拔 500~1100 米的常绿阔叶林、针叶林或灌丛下、草丛中或沟边。

天麻

Gastrodia elata

腐生兰。花期 5~7 月。在雅长保护区内主要生于海拔 800~1300 米的青冈林下、林缘或疏林地具腐殖土较厚的地上。为中医应用重要的名贵中药材之一，野生种类濒临灭绝。

琴唇万代兰

Vanda concolor

附生兰。花期 4~5 月。在雅长保护区内生于海拔 350~1000 米的河边木棉树上或山地疏林中树干基部。密集丛生，在保护区内数量非常丰富，原生状态保护良好，居群稳定，自然更新较好。

云南独蒜兰

Pleione yunnanensis

地生或石上半附生兰。花期 4~5 月。在雅长保护区内分布于海拔 1000~1600 米的林下或林缘多石地上。

棒叶鸢尾兰

Oberonia myosurus

附生兰。花期 5~7 月。在雅长保护区内分布较多，多在海拔 700~1100 米的阴湿的石灰岩山石壁上，苔藓密集的树干、树枝上也很常见。较耐旱，紧贴石壁；分布广，数量多，实生幼苗较多，自然更新能力好。

剑叶鸢尾兰

Oberonia ensiformis

附生兰。花期 9~11 月。在雅长保护区内多分布在海拔 900~1100 米阴湿的石壁上，大树干上也很常见。分布范围广，居群数量丰富，原生状态保持完好。

叉唇钗子股

Luisia teres

附生兰。花期通常 3~5 月。在雅长保护区内多附生在海拔 800~1300 米的阔叶树林孤立木或枯立木上，也常分布在林下阴凉的石灰岩山石缝中。数量较多，分布广，实生幼苗较多，自然更新能力好，居群稳定。

钗子股

Luisia morsei

附生兰。花期 4~5 月。在雅长保护区内生于海拔 400~900 米的山地林中树干上。

阔叶沼兰

Malaxis latifolia

地生或半附生兰。花期 5~8 月。在雅长保护区常见于海拔 500~900 米的针叶林下、林缘、灌丛中及湿润的草坡中等处。在保护区零散分布，但分布广、数量较多，幼苗较多，自然更新能力好。

二耳沼兰

Malaxis biaurita

地生兰。花期 6 月。在雅长保护区内常见于海拔 800~1100 米的林下石缝多土处，成群聚生。在保护区分布广，数量丰富，原生状态保持较好，自然更新力强。

浅裂沼兰

Malaxis acuminata

地生或半附生兰。花期 5~7 月。在雅长保护区内常见于海拔 600~1300 米的林下空地、林缘、灌丛中等土质肥厚处。分布范围广，数量多，原生状态保持较好。

黄花鹤顶兰

Phaius flavus

地生兰。花期 4~5 月。在雅长保护区内主要分布于海拔 600~1300 米的山坡疏林下阴湿处或石灰岩山疏林下具腐殖质较厚的石缝中。在保护区内分散着生，分布区域广，数量较多，野生资源保存完整，居群稳定。

鹤顶兰

Phaius tankervilleae

地生兰。花期 3~6 月。在雅长保护区内生于海拔 700 ~ 1800 米的林缘、沟谷或溪边阴湿处。

红花隔距兰

Cleisostoma williamsonii

附生兰。花期 4~6 月。在雅长保护区内多附生在海拔 600~1300 米的石灰岩山上树干、树杈或林下石壁上，枯立木上也较多。分布比较广泛，居群大，数量丰富，无人为破坏。

南贡隔距兰

Cleisostoma nangongense

附生兰。花期 6~8 月。在雅长保护区内主要分布于海拔 750~1300 米的常绿阔叶林中树干上或枯立木上。分布广、数量多，原生性较好。

绶草

Spiranthes sinensis

地生兰。花期 7~8 月。 在雅长保护区内生于海拔 600~1600 米的山坡林下、灌丛下或林区路边草地上。分布范围广，数量较多，植株生长健壮，结实率高，保持着原生状态。

线柱兰

Zeuxine strateumatica

地生兰。花期 2~3 月。在雅长保护区内主要生于海拔 1000~1200 米的石灰岩山谷或洼地林下阴湿处。零星分布，数量不多，原生性保存良好。

粉口兰

Pachystoma pubescens

地生兰。花期 3~9 月。在雅长保护区内主要分布在海拔 800~1500 米的山坡草丛中或灌丛中。野生资源较少，分散着生，分布区域广，其种群原生性保存较好。

杜鹃兰

Cremastra appendiculata

地生兰。花期 5~6 月。在雅长保护区内主要分布于海拔 1000~1400 米的林下湿地或沟边湿地上。数量较少，零星分布，无人为干扰。

无叶兰

Aphyllorchis montana

腐生兰。花期 7~9 月。在雅长保护区内生于海拔 900~1100 米的石灰岩山谷林下较薄的腐殖土中或疏林下。该种是广西的新记录种，而且分布数量稀少，非常珍贵。

斑叶兰

Goodyera schlechtendaliana

地生兰。花期 8~10 月。在雅长保护区内常见于海拔 700~1500 米的阴凉山坡、阔叶林下空地、石缝多土处、林缘、灌丛中等土质肥厚处。分布范围广但较零散，其原生性状保存完好。

狭叶带唇兰

Tainia angustifolia

地生兰。花期 9~10 月。在雅长保护区内主要分布于海拔 1050~1200 米的山坡林下或沟谷岩石边。居群较小，野生资源保存完整，居群稳定。

大花带唇兰

Tainia macrantha

地生兰。花期 7~8 月。 在雅长保护区内生于海拔 700~1200 米的山坡林下或沟谷岩石边。

头蕊兰

云南叉柱兰

Cheirostylis yunnanensis

附生兰。花期 3~4 月。在雅长保护区内多分布于海拔 600~900 米的树干、树杈或林下有湿润腐殖土的岩石中。分布范围广，数量较丰富，原生性较好。

中华叉柱兰

Cheirostylis chinensis

附生兰。花期 1~3 月。在雅长保护区内分布于海拔 700~1300 米的林下湿润腐殖土中或树干、树杈及岩石上阴凉多土处。分布范围广，种群数量丰富，原生状态保持良好。

参考文献

CANKAO WENXIAN

1. 陈心启，朗楷永，吉占和 . 中国高等植物 兰科 [M]. 青岛：青岛出版社 . 2002.
2. 陈心启，吉占和 . 中国兰花全书 (第二版) [M]. 北京：中国林业出版社. 2003.
3. 中国科学院中国植物志委员会 . 中国植物志 . 第十七卷 [M]. 北京：科学出版社 , 1999.
4. 中国科学院中国植物志委员会 . 中国植物志 . 第十八卷 [M]. 北京：科学出版社 , 1999.
5. 中国科学院中国植物志委员会 . 中国植物志 . 第十九卷 [M]. 北京：科学出版社 , 1999.
6. 陈心启，吉占和，罗毅波 . 中国野生兰科植物彩色图鉴 [M]. 北京：科学出版社. 1999.
7. 邓朝义 , 聂建平 , 卢永成，等 . 贵州石斛属植物资源及其开发利用价值评价 [J]. 贵州林业科技 , 2004, 32(1):51-53.
8. 易绮斐 , 邢福武 , 黄向旭 , 等 . 我国石豆兰属药用植物资源及其保护 [J]. 热带亚热带植物学报 , 2005, 13(1):65-69.
9. 广西林业勘测设计院 . 广西雅长兰科植物自治区级自然保护区综合科学考察报告 . 2007.（内部发行）

雅长兰科植物中文名索引

YACHANG LANKE ZHIWU ZHONGWENMING SUOYIN

雅长兰科植物拉丁名索引

YACHANG LANKE ZHIWU LADINGMING SUOYIN